爱游戏，就爱数学王

Mathematics Little Newton Encyclopedia

数学王

小数与分数，算式计算

牛顿出版股份有限公司◎编

四川少年儿童出版社

图书在版编目（CIP）数据

小数与分数，算式计算 / 牛顿出版股份有限公司编
. — 成都：四川少年儿童出版社，2018.1
　（小牛顿数学王）
　ISBN 978-7-5365-8736-6

Ⅰ．①小… Ⅱ．①牛… Ⅲ．①数学—少年读物 Ⅳ.
①O1-49

中国版本图书馆CIP数据核字(2017)第326506号
四川省版权局著作权合同登记号：图进字21-2018-10

出 版 人：常　青
项目统筹：高海潮
责任编辑：王晗笑　赖昕明
封面设计：汪丽华
美术编辑：刘婉婷　徐小如
责任印制：袁学团

XIAONIUDUN SHUXUEWANG · XIAOSHUYUFENSHU SUANSHIJISUAN

书　　名：小牛顿数学王·小数与分数，算式计算
出　　版：四川少年儿童出版社
地　　址：成都市槐树街2号
网　　址：http://www.sccph.com.cn
网　　店：http://scsnetcbs.tmall.com
经　　销：新华书店
印　　刷：艺堂印刷（天津）有限公司
成品尺寸：275mm×210mm
开　　本：16
印　　张：3.25
字　　数：65千
版　　次：2018年4月第1版
印　　次：2018年4月第1次印刷
书　　号：ISBN 978-7-5365-8736-6
定　　价：19.80元

台湾牛顿出版股份有限公司授权出版

目录

1. 小数的结构 ⸺⸺⸺⸺⸺⸺⸺ 2

2. 小数的加法、减法 ⸺⸺⸺⸺ 10

3. 分数的大小 ⸺⸺⸺⸺⸺⸺ 18

4. 分数和小数 ⸺⸺⸺⸺⸺⸺ 26

5. 算式和计算 ⸺⸺⸺⸺⸺⸺ 28

6. 使用□或○的算式和变换的方法 ⸺⸺ 34

7. 括号以及混合使用乘除法的算式 ⸺⸺ 40

8. 用一个算式表示的数学问题 ⸺⸺⸺ 44

1 小数的结构

比 0.1 小的数

小朋友,让我们也一起来想想看。

● 0.1 的 $\frac{1}{10}$ 的数

把这支长矛的长度给我量清楚!

遵命。

从前有一位国王,他喜欢把任何一样东西都测量精确。

有一次,国王想测量他当作宝物的黄金长矛到底有多长。但是,他的国家的尺,只有以米为单位和以 0.1 米为单位的两种。不管量几次,总是不能刚好测量出矛的长度。

烦恼的国王召来了全国最棒的算术博士,把测量长矛长度的工作交给他。

只知道矛的长度比 2 米长,比 3 米短。

然后,再用一根把 1 米均分为 10 等份、每一份代表 0.1 米的尺来量量看。

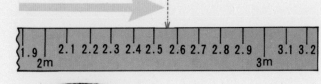

比 2.5 米长,比 2.6 米短,那该怎么办好呢?

算术博士为了看清楚矛的尖端，在 2.5 米和 2.6 米之间的具体位置，特别用放大镜把这个部分放大来瞧瞧。

结果发现矛的尖端在距离正中央稍微偏左一点儿的地方。

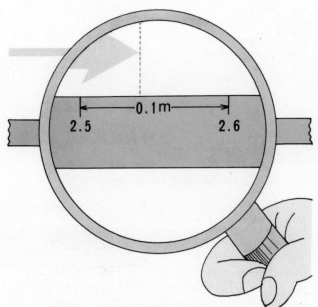

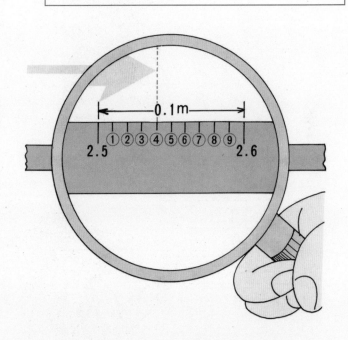

算术博士突然灵机一动，他想：1 的 $\frac{1}{10}$ 是 0.1，那么 2.5 米和 2.6 米之间的 0.1 米，不是也可以再分成十等份吗？

● 0.1 的 $\frac{1}{10}$ 的表示法

算术博士认真思考着，目前"数字"的表示法中，难道没有更简单的方法来表示 0.1 的 $\frac{1}{10}$ 吗？

因此，我们可以知道矛的长度就是 2.5 米，再加上 0.1 米的 4 个 $\frac{1}{10}$ 等份。

每往左移一个，就增加为 10 倍。相反的，每往右移一位，就变成 $\frac{1}{10}$。

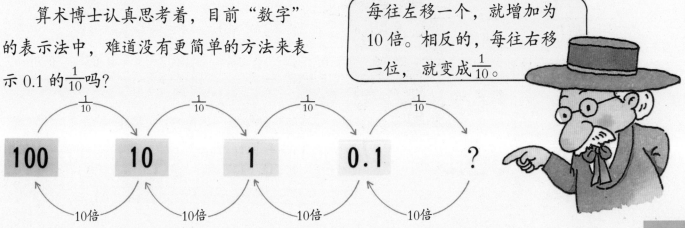

接下来，我们利用位数表，先回忆一下数的表示法。

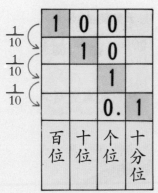

百位	十位	个位	十分位
1	0	0	
	1	0	
		1	
		0.	1

因此，0.1 的 $\frac{1}{10}$ 也是同样的道理，如下图，1 的数字依序往右移，想想看，空着的位数是不是最好填上 0 呢？

结果，每变成 $\frac{1}{10}$，1 的数字便一个一个地往右移，而呈梯形排列。

百位	十位	个位	十分位
	1		
	0.	1	
			1

百位	十位	个位	十分位
	1		
	0.	1	
	0.	0	1

✳ 0.1 的 $\frac{1}{10}$ 是 0.01，读成"零点零一"。
0.01 是 1 的 $\frac{1}{100}$。

◆ 现在，我们就可以正确地表示国王的长矛的长度了。

国王长矛的长度就是 2.5 米再加上 4 个 0.1 米的 $\frac{1}{10}$。

0.1 米的 $\frac{1}{10}$ 是 0.01 米。4 份 0.01 米的长度写成 0.04 米，读成"零点零四米"。

因此，国王这支矛的长度就是 2.5 米和 0.04 米的总和。

✳ 2.5 米和 0.04 米的总长度，写成 2.54 米，读成"二点五四米"。

终于量出国王的矛有 2.54 米长。

● 0.01 的 $\frac{1}{10}$ 的表示法

和前面相同，我们再来想想 0.01 的 $\frac{1}{10}$ 该如何表示？

首先，试着在 0 和 0.01 之间分成 10 等份。

依据上图，我们就可以算出 0.01 的 $\frac{1}{10}$ 了。

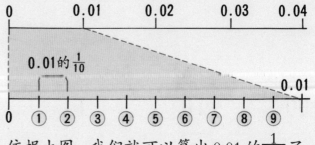

然后，再利用位数表来排列看看。

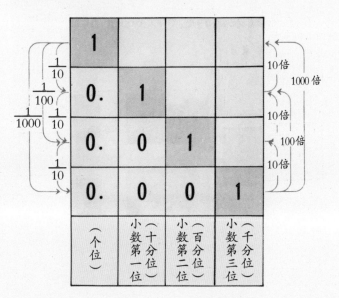

和前面一样，可以得知0.01的$\frac{1}{10}$就成了0.001。0.001读作"零点零零一"。0.001相当于1的$\frac{1}{1000}$。

● 小数的位数

我们把前面出现的小数加以整理，就成了以下这个表。

个位以下的位数，依顺序称为十分位、百分位、千分位，也叫作小数第一位、小数第二位、小数第三位。

（个位）	小数第一位（十分位）	小数第二位（百分位）	小数第三位（千分位）
1			
0.	1		
0.	0	1	
0.	0	0	1

0.1的$\frac{1}{10}$是0.01。0.01的$\frac{1}{10}$是0.001。把10个0.001集合起来，可以向上进一位，就成了0.01。把10个0.01集合起来，同样也可以向上进一位，就成了0.1。另外，把10个0.1集合起来就成了1。

像这样，每10个小数集合起来，就可以往上进一位，可见，小数和整数一样也是十进制法。

◉ 变换单位来代表数

现在，我们来想想看，如何以小的位数为准，来表示数的大小。

例如：0.2，若是以0.01为单位的话，要用什么样的数来表示呢？

由于是以0.01为准，因此只要想想0.2要集合几个0.01就行了。

如上图，以数线来表示，0.1的$\frac{1}{10}$是0.01，集合10个0.01就是0.1，那么集合20个0.01，就等于0.2了。换句话说，如果以0.01为单位的话，0.2就可以代表20。因此，数可以变换单位来表示。

小数的 10 倍、100 倍、$\frac{1}{10}$、$\frac{1}{100}$

● 小数的 10 倍、100 倍

国王又向算术博士提出了新的问题。

如果把我这支长 2.54 米的矛，横向摆 10 支的话，总共有多少米呢?

这等于就是 10 支 2.54 米长的矛的总长，因此只要以 2.54 米的 10 倍来计算就可以了。现在，让我们赶快来看看!

2.54m 的 10 倍长

● 小数的 10 倍

首先，我们想想看，2.5 米的 10 倍是几米呢?

2.5 米是 2 米和 0.5 米的总长。2 米的 10 倍是 20 米，0.5 米的 10 倍是 5 米，因此 2.5 米的 10 倍就是 25 米。

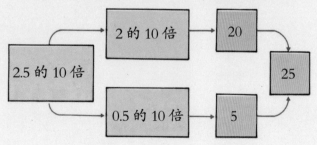

2.51 是 2.5 和 0.04 的和，2.5 米的 10 倍是 25 米，因此，只要算出 0.04 的 10 倍是多少就行了。

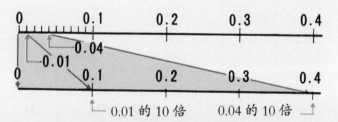

0.01 的 10 倍   0.04 的 10 倍

从上面的数线可以看出 0.04 的 10 倍是 0.4，我们就可以得出结果: 2.54 的 10 倍就等于 25.4。

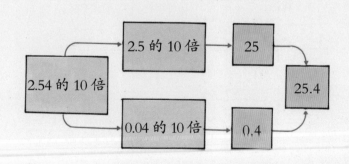

因此，2.54 米的 10 倍，就是 25.4 米。

● 小数点的位置

请你仔细看看 2.54 和它的 10 倍数 25.4，有没有什么值得注意的地方？

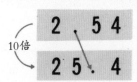

如左图，我们把这两个数排列起来看看，可以发现原先在 2 和 5 之间的小数点，向右移到了 5 和 4 之间。

于是我们知道，把任何一个小数放大 10 倍，小数点就要向右移一位。

如果我们利用以下的位数表来表示，可以知道小数一变成 10 倍，小数第二位的数就会移到小数第一位，其他位数也会一个一个地往左移。

原来如此。

● 小数的 100 倍

现在，我们再来想想，把 2.54 放大 100 倍的数字是多少？

所谓 100 倍，就是 10 倍的 10 倍，因此就如右边所示，小数点要往右移两位。

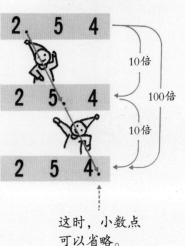

这时，小数点可以省略。

利用右边的位数表来看，放大 100 倍，位数也要分别往左移两位。

百位	十位	个位	十分位	百分位
		2.	5	4
	2	5.	4	
2	5	4		

● 小数的 $\frac{1}{10}$、$\frac{1}{100}$

这一次，我们利用刚刚计算 10 倍、100 倍的想法来思考，看看 2.54 的 $\frac{1}{10}$ 和 $\frac{1}{100}$ 又该如何表示。

2.54 变成 10 倍的时候，小数点就要往右移一位。如果是 25.4 变成 $\frac{1}{10}$ 呢？

25.4 变成 $\frac{1}{10}$，小数点只要往左移一位就行了。另外，$\frac{1}{100}$ 是 $\frac{1}{10}$ 的 $\frac{1}{10}$。因此 25.4 的 $\frac{1}{100}$，就是 25.4 的 $\frac{1}{10}$ 的 $\frac{1}{10}$，也就是 2.54 的 $\frac{1}{10}$，因此要将 25.4 的小数点往左移两位。这时我们可以利用位数表来计算，如右表所示，小数第一位的数就要往小数第二位移，位数一个一个地往右移。

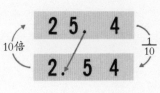

十位	个位	小数第一位	小数第二位	小数第二位
2	5.	4		
	2.	5	4	
	0.	2	5	4

使用小数点来表示大数

国王又提出了一个新的问题。

这是我国各城市苹果产量的调查表。但是，这么大的数目，没办法一目了然。有没有什么方法让大家一看就明白呢？

苹果的产量(个)	
甲市	24000000
乙市	7000000
丙市	18000000
丁市	54000000
戊市	19000000
己市	36000000
合计	158000000

好的，我马上想想看。

● 利用百万为单位来表示 24000000

首先，我们把苹果的产量，一个一个分别读读看。

个、十、百、千……百万、千万，从个位依序数到最高位数，结果可以读成甲市是"二千四百万个"、乙市是"七百万个"等等，用这样的方法来数数，真是麻烦极了。

我们若是将位数排列整齐，如右图，那么可以发现从十万以下的位数全部都是0。

千万位	百万位	十万位	万位	千位	百位	十位	个位
2	4	0	0	0	0	0	0
	7	0	0	0	0	0	0
1	8	0	0	0	0	0	0
5	4	0	0	0	0	0	0
1	9	0	0	0	0	0	0
3	6	0	0	0	0	0	0

24000000 是集合了 24 个 1000000 的数，因此若是以 1000000 为单位来计算，就可以用 24 来表示了。

所以，我们如果把 24000000 写成

24(单位为百万)，

比起前面的写法就更一目了然了。但是，这样还是有点麻烦。

因此，我们把 24000000 直接用百万为单位来表示，规定

| 24000000 | = | 24百万 |

这时，24百万读作"二十四百万"。

这样子，就可以很明确地看出产量了。

所以，苹果的产量就可以如右图所示，简单地表示出来了。

甲市	24 百万
乙市	7 百万
丙市	18 百万
丁市	54 百万
戊市	19 百万
己市	36 百万
合计	158 百万

● 用千万为单位来表示 24000000

24000000，如果以百万为单位来表示，就是 24 百万。

那么，若以千万为单位来表示 20000000 和 24000000 的话，应该写成怎样来表示呢？

2	0	0	0	0	0	0	0
2	4	0	0	0	0	0	0
千万位	百万位	十万位	万位	千位	百位	十位	个位

看看上面的图表，因为 20000000 是集合 2 个 10000000 的数，所以和前面一样，要以 2 千万来表示。

2 千万读作"二千万"。

那么，24000000 要如何表示出来呢？

例如，我们以 10 为单位来表示 24，如下图所示，就是 2 个 10 以及 4 个 10 的 $\frac{1}{10}$，因此可以用 2.4 来表示。

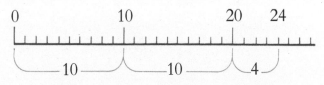

同样的道理，如下所示，24000000 就等于 2 个 10000000 再加上 4 个 10000000 的 $\frac{1}{10}$。因此 24000000 如果以千万为单位来表示，就是 2.4 千万。

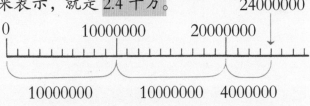

但是 2.4 千万该怎么读呢？如果读成"二点四千万"实在有点奇怪。

24 百万和 2.4 千万，同样都是代表 24000000，因此 2.4 千万和 24 百万一样，也应读作"二千四百万"。

像这样大数便可以利用某个位数为单位，而以简单的整数或小数来表示。

整理

(1) 0.1 的 $\frac{1}{10}$ 是 0.01，0.01 的 $\frac{1}{10}$ 是 0.001。

(2) 小数和整数同样都是十进制。

(3) 小数每变为 10 倍，原数的小数点就要往右移一位。

(4) 小数每变为 $\frac{1}{10}$，原数的小数点就要往左移一位。

(5) 类似 24000000 这样的大数，可以像 24 百万或 2.4 千万一样，以某个位数为单位，用简单的数来表示。（注意：在生活中，24 百万的用法不规范，应使用 2.4 千万。）

2 小数的加法、减法

小数的加法

小数的加法该怎么计算呢？想想以前所学的内容，是不是可以想出如何计算小数的加法呢？

◉ 1.32 + 0.6 的计算

在重1.32千克的银杯中，放进0.6千克的黄金，总共重多少千克呢？

● 列出问题的算式

首先，仔细想想问题，再列出算式。

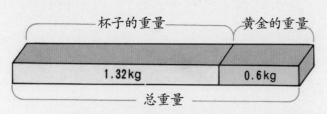

总重量是指杯子的重量以及黄金重量的总和，也就是杯子的重量加上黄金的重量，因此算式就列成

$$1.32 + 0.6$$

● 计算的方法

现在我们知道，要求出总重量时，必须列出 1.32+0.6 的式子，让我们赶快来算算看吧！

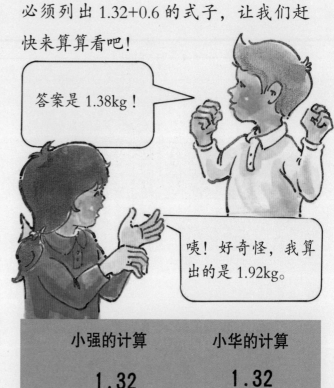

答案是 1.38kg！

咦！好奇怪，我算出的是 1.92kg。

小强的计算	小华的计算
1.32	1.32
+ 0.6	+ 0.6
1.38	1.92

为什么答案不一样了呢？谁的答案是正确的？

● 用数线来表示

利用数线来表示 1.32+0.6，并求出答案。

从数线的表示中，检查两人的计算，可以发现正确的答案应该是从 1.32 往右移 0.6 的数。换句话说，在数线上，答案是 1.92，因此，小华的计算才是对的。

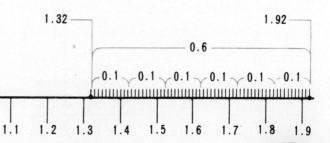

● 笔算的方法

我们已经知道答案是 1.92 了。现在我们再来比较一下两人的计算方法，并想想笔算的方法。

$$
(132 + 6) \text{ 的时候} \quad
\begin{array}{r}
1\ 3\ 2 \\
+\quad\ 6 \\
\hline
\end{array}
$$

$$
(1.32 + 0.6) \text{ 的时候} \quad
\begin{array}{r}
1.3\ 2 \\
+\quad 0.6 \\
\hline
\end{array}
$$

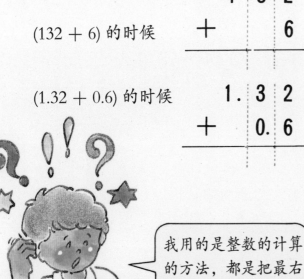

我用的是整数的计算的方法，都是把最右边的数字对齐来计算的，但是……

$$
\begin{array}{r}
1\ 3\ 2 \\
+\quad\ 6 \\
\hline
\end{array}
$$
百位 十位 个位

好奇怪哦！整数的加法应该是把位数对齐来计算的。

在整数的加法中，所谓"对齐右边的位数"，是指必须像上面的算式一样对齐位数。但是，小强在计算时没有对齐位数。

即使是小数的计算，也和整数的计算相同，一定要对齐每一个位数。

◆ **把 1.32 + 0.6 算式的每一个位数拆开来看看。**

把它们的位数分别拆开，结果得知：

1.32 →	1	+ 0.3	+ 0.02
0.6 →		0.6	
1.32 + 0.6 →	1	+ 0.9	+ 0.02
	= 1.92		

◆ 列出笔算算式来计算。

列出的算式如右。如果把小数点对齐的话，位数就对齐了。

计算方法和整数一样。

和的小数点与被加数和加数的小数点对齐。

$$
\begin{array}{r}
1.32 \\
+\,0.6 \\
\end{array}
$$

个位	十分位	百分位

$$
\begin{array}{r}
1.32 \\
+\,0.6 \\
\hline
1.92 \\
\end{array}
$$

✳ 学习成果

小数的加法和整数一样，也要对齐位数再进行计算。如果对齐了小数点，也就对齐了位数。

和的小数点必须与被加数和加数对齐。

● 16.8 ＋ 9.68 的算法

有一根 16.8 厘米的棒子。如果把这根棒子接上另一根 9.68 厘米的棒子而不重叠，会变成多长的棒子呢？

● 列出问题的算式

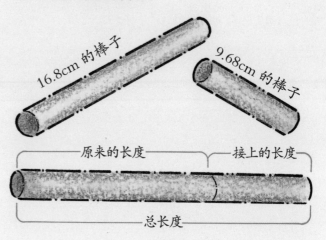

16.8cm 的棒子　9.68cm 的棒子

原来的长度　　接上的长度

总长度

这个问题，也就是计算 2 根棒子的总长度，因此要运用加法来计算，列成算式就是

$$16.8 ＋ 9.68$$

🐸 动脑时间

小数点的发现

人们历经了相当长久的时间，累积许多人的努力，才发现物体的计算方法。

像现在十进制数的构成，根据十进制法来完成的记数法，如果从人类的历史来看，则是相当后期的事了。

十进制法的位数一形成，不论多大的数，都可以用 0 到 9 这十个数字简单地表示出来。

那么，小数为什么也是必要的呢？

为了将整数放大 10 倍、100 倍、1000

倍……或是要把整数缩小成 $\frac{1}{10}$、$\frac{1}{100}$……的时候，只得用小数来计算。

小数也要用数字来表示，因此必须将小数部分加以区别，这样产生的记号就是小数点。小数点也曾有各式各样的写法。

以 5.286 为例，就有

5|286　5,286　①①②③
　　　　　　　5 2 8 6　5②②①⑧②⑥③

几种写法。

●笔算的方法

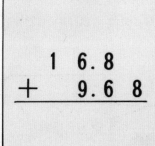

①

对齐位数。

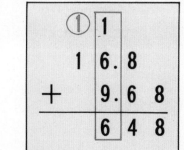

⑤

现在到了个位数的计算了，1+6+9=16，个位数为 6。

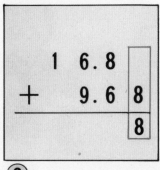

②

和整数的计算相同，从最末一位开始计算。

首先，由小数第二位算起，很简单，降下来还是 8。

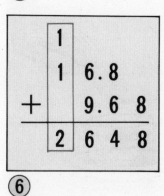

⑥

最后是十位数的计算。十位数进 1 再加上 1 等于 2。

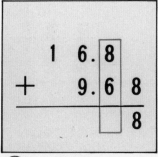

③

然后，轮到小数第一位。必须进位。

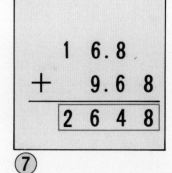

⑦

答案出来了。但是，小数点要放在哪里呢?

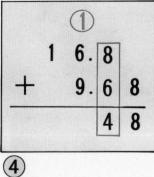

④

和整数的计算相同，8+6=14，因此小数第一位等于 4，并且要在个位数进 1。

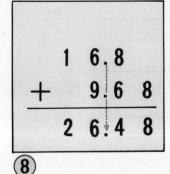

⑧

答案的小数点必须和被加数、加数的小数点对齐。因此 16.8+9.68 的答案是 26.48。

小数的减法

小数的减法该怎么计算呢？是不是和整数的计算相同就可以了呢？

下面，我们来学习小数的减法。

● 2.37 − 1.2 的计算

有 2.37 千克的砂糖，用掉其中的 1.2 千克之后，还剩下几千克呢？

● 列出问题的算式

首先，我们来想想问题，然后列出算式。

从原来的分量中用掉一些，分量应该会变少。

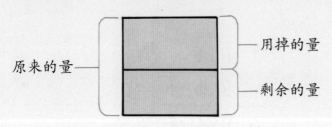

算式列成

$$2.37 - 1.2$$

● 计算方法

我们知道算式应列为 2.37−1.2。赶快算算看吧！

算出来了，答案是 2.25kg。

咦，跟我的答案不一样，我的答案是 1.17kg。

小强的计算	小芬的计算
2.3 7	2.3 7
− 1.2	− 1.2
2.2 5	1.1 7

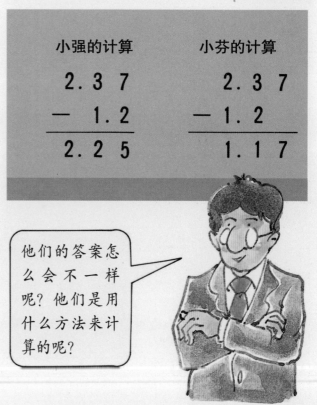

他们的答案怎么会不一样呢？他们是用什么方法来计算的呢？

计算的方法好像还是不一样。我们再用数线来检查看看。

● 以数线来表示

我们把 2.37−1.2 的算式，用数线来表示，并求出答案来。

用数线来检查 2.37−1.2，答案应该是从 2.37 往左移 1.2。

结果，我们知道答案是 1.17。

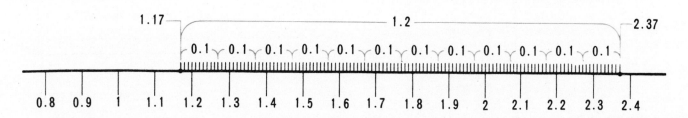

● 笔算的方法

我们已经知道用数线求出 2.37−1.2 的答案是 1.17。

现在，再来比较两人的笔算方法。

〈2.37−1.2〉

我是利用和整数计算相同的方法，把右边的数对齐来计算的呀。

在整数的减法中，也应该对齐位数来计算。

```
  2 3 7
−   1 2
─────────
```
百位 十位 个位

整数的减法中所谓的对齐右边，是指如右式般，把位数对齐。

整数的减法是对齐位数来计算，小数也同样要对齐位数来计算。

◆ 把 2.37−1.2 的每一个位数拆开来。

位数分别拆开后如下：

$$
\begin{array}{llll}
2.37 & \to & 2 + 0.3 + 0.07 \\
1.2 & \to & 1 + 0.2 \\
\hline
2.37 - 1.2 & \to & 1 + 0.1 + 0.07 \\
& = & 1.17
\end{array}
$$

◆ 写成笔算的形式来计算。

写成笔算的形式如右。小数点一对齐，位数也就对齐了。

```
  2.3 7
− 1.2
```
个位 十分位 百分位

计算的方法和整数的计算方法相同，差的小数点要和被减数和减数的小数点对齐，因此答案是 1.17。

```
  2.3 7
− 1.2
───────
  1.1 7
```

✱ 学习成果

小数的减法也和整数一样，必须对齐位数来计算。如果把小数点对齐，位数也就对齐了。

差的小数点必须和被减数、减数的小数点对齐。

◉ 11.6 − 2.45 的计算

现在，我们要做下一个问题，必须把小数减法的计算方法牢牢记住。

有一条长 11.6 米的细绳，剪下 2.45 米来做跳绳，还剩下多少米？

● 列出问题的式子

从 11.6 米剪下 2.45 米以后，就变得比原来的长度短了。

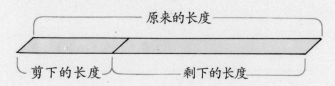

这也要运用减法来计算，从原来的长度减去剪下的长度。算式列成

$$11.6 - 2.45$$

从 0 算起

6258 元

原有 10000 元，买一部洗衣机花掉 6258 元，请立刻算出还剩下多少钱。

10000
− 6258
───────

写出笔算的算式（如左图）。虽然这个算式可以用心算来计算，却也很容易出错，无法马上算出来。

我们再想想简单的算法吧。

10000 是 9990 和 10 的总和。

我们就利用这个想法，以笔算的算式来表示。

于是，答案 3742 马上就出来了。

这个做法也可以使用在整数和小数的减法上。

现在，我们就利用这个方法，来计算 9−1.825 的结果。

首先，我们知道 9 是 8.99 及 0.01 的和。

和整数的减法一样，可用笔算的算式来表示看看。

⑧ ⑨ ⑨ ⑩   ⑧ ⑨ ⑨ ⑩
    9   →   − 1.8 2 5
− 1.8 2 5   ───────
               7.1 7 5

答案 7.175 立刻算出来了。

我们再来试着计算以下几题算式。

1000−343	8−0.319
1000−419	9−0.4431
10000−5531	10−1.46
10000−2932	10−0.553

⑨ ⑨ ⑨ ⑩   ⑨ ⑨ ⑨ ⑩
1 0 0 0 0   →   − 6 2 5 8
−   6 2 5 8   ───────
─────────────   3 7 4 2

● 笔算的方法

①

```
  1 1.6
−    2.4 5
```

首先，把位数对齐。

②

```
  1 1.6
−    2.4 5
         5
```

和整数一样，必须从最低位数计算起。

③

```
        5  10
  1 1.6
−    2.4 5
         5
```

和整数的计算一样，从小数第一位借10之后，小数第二位就是10−5，等于5。

④

```
        5
  1 1.6
−    2.4 5
       1 5
```

小数第一位被借走了1，因此变成5−4等于1。

⑤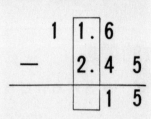

```
  1 1.6
−  2.4 5
       1 5
```

个位数也必须从十位数借10。

⑥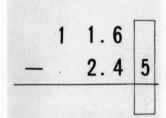

```
1→10
  1 1.6
−  2.4 5
  9    1 5
```

个位数把借来的10加上1，再减去2，因此变成11−2，等于9。

⑦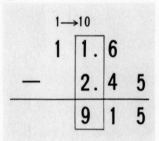

```
0
1 1.6
−  2.4 5
  9    1 5
```

十位数的1被借走了，因此等于0，但这时的0可以省略。

⑧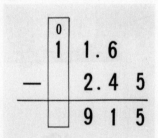

```
  1 1 6
−  2 4 5
  9 1 5
```

差的小数点位置必须和被减数、减数相同，答案等于9.15。

整理

(1) 小数的加法、减法，也和整数的一样，必须把位数分别对齐后再计算。

(2) 和及差的小数点，必须和被加数、加数或被减数、减数的小数点对齐。

3 分数的大小

比较分数的大小

◉ 分母相同的分数大小

大明去买远足要带的水壶。店里有一种蓝色的水壶，容量为 $\frac{3}{5}$ 升，还有一种红色的水壶，容量为 $\frac{4}{5}$ 升。

大明想买容量较大的水壶，但是，他不知道哪个的容量大。该怎么比较容量的大小呢？

● 真分数之间的大小比较

想想看，我们要怎么比较 $\frac{3}{5}$ 和 $\frac{4}{5}$ 的大小呢？

◆ 首先，我们可以依据下图来计算

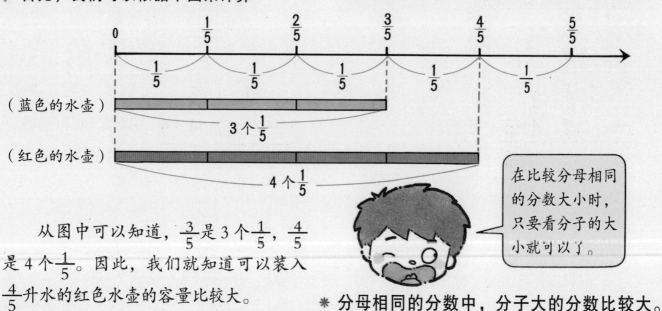

从图中可以知道，$\frac{3}{5}$ 是 3 个 $\frac{1}{5}$，$\frac{4}{5}$ 是 4 个 $\frac{1}{5}$。因此，我们就知道可以装入 $\frac{4}{5}$ 升水的红色水壶的容量比较大。

在比较分母相同的分数大小时，只要看分子的大小就可以了。

＊ 分母相同的分数中，分子大的分数比较大。

● 假分数和带分数的大小

　　店里还有黄色水壶和白色水壶，黄色水壶的容量是 $\frac{7}{5}$ 升，白色水壶的容量为 $1\frac{3}{5}$ 升。想想看，哪一种水壶的容量比较大？

◆ 首先，以图形来表示看看。

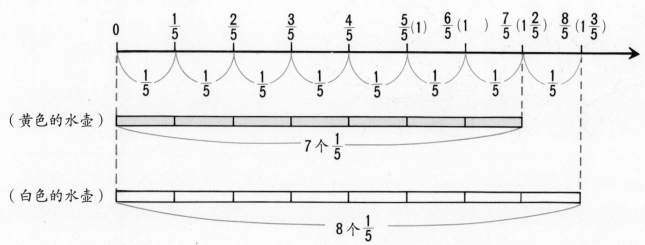

　　如 $\frac{7}{5}$ 升和 $1\frac{3}{5}$ 升，在比较假分数和带分数大小的时候，可以先把假分数化为带分数，或者是把带分数化为假分数之后再进行比较。

◆ 先把假分数化为带分数，比较看看。

　　因为 $\frac{5}{5}=1$，所以

$$\frac{6}{5}=1\frac{1}{5}, \quad \frac{7}{5}=1\frac{2}{5}, \quad \frac{8}{5}=1\frac{3}{5}.$$

　　因此只要把 $1\frac{2}{5}$ 和 $1\frac{3}{5}$ 作比较就可以了。结果 $1\frac{2}{5}<1\frac{3}{5}$。

　　所以我们知道可以装 $1\frac{3}{5}$ 升水的白色水壶容量比较大。

◆ 这次，我们要把带分数化为假分数来比较看看。

　　$1\frac{3}{5}=\frac{8}{5}$，因此只要比较 $\frac{7}{5}$ 和 $\frac{8}{5}$ 的大小就可以了，结果 $\frac{7}{5}<\frac{8}{5}$。所以我们再次得知还是装 $1\frac{3}{5}$（$\frac{8}{5}$）升水的白色水壶容量比较大。

＊ 当我们要比较假分数和带分数的大小时，可以将其化为假分数或带分数之后，再作比较。

◎分母相同的分数大小

大明和小诚在自然课中，搜集了一些种丝瓜的水。

大明搜集了 $\frac{3}{4}$ 升，小诚搜集了 $\frac{3}{5}$ 升。谁搜集的比较多呢？

● $\frac{3}{4}$ 升和 $\frac{3}{5}$ 升的大小比较

如 $\frac{3}{4}$ 升和 $\frac{3}{5}$ 升，当我们在比较分子相同、分母不相同的分数时，该怎么办呢？

首先，我们把两人搜集的丝瓜水，倒入容量为1升的瓶子里，用图形来表示看。

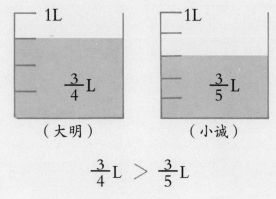

（大明） （小诚）

$$\frac{3}{4}L > \frac{3}{5}L$$

从上图就可以看出，大明搜集的丝瓜水比较多。

在图形中我们可以得知大明搜集的比

较多。现在，我们再来用分数的意义进行计算。分数可以用整数的除法来表示，如

$$\frac{\triangle}{\bullet} = \triangle \div \bullet$$

因此，$\frac{3}{4}$ 和 $\frac{3}{5}$ 可以分别表示为

$$\frac{3}{4} = 3 \div 4, \quad \frac{3}{5} = 3 \div 5。$$

在整数的除法中，如 $3 \div 4$ 和 $3 \div 5$，当被除数相同的时候，用小的除数4来除，商会比较大。

从分数的意义来看，我们也知道 $\frac{3}{4}$ 比 $\frac{3}{5}$ 大。

现在，我们再用数线来比较它们的大小。

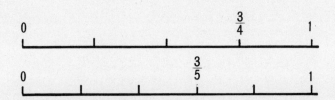

从数线来看，我们知道 $\frac{3}{5}$ 比较靠近0，因此 $\frac{3}{4}$ 比较大。从以下的数线中就可以得知，分子相同的分数，分母越大，分数越小。

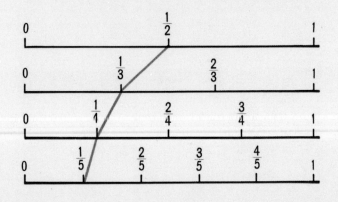

约分和通分

◉ 大小相等的分数

为了工作时使用，小青剪取了 2 条 $\frac{1}{4}$ 米的带子。立民则剪取了 1 条 $\frac{1}{2}$ 米的带子。

谁剪取的带子比较长呢？

小青剪取的带子长度是 2 个 $\frac{1}{4}$ 米，因此是 $\frac{2}{4}$ 米，立民剪取的带子长度是 $\frac{1}{2}$ 米。

2 个人剪取的带子长度，我们可以用图形来表示。

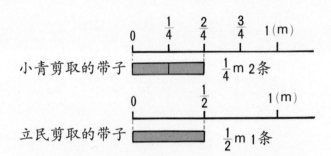

从图中可以看出，$\frac{1}{4}$ 米 2 条是 $\frac{2}{4}$ 米，与 $\frac{1}{2}$ 米的长度相同。

在分数中，有的分数虽然分母和分子都不同，但是大小却相等。

◆ 把分母不同的许多分数在数线上表示出来。

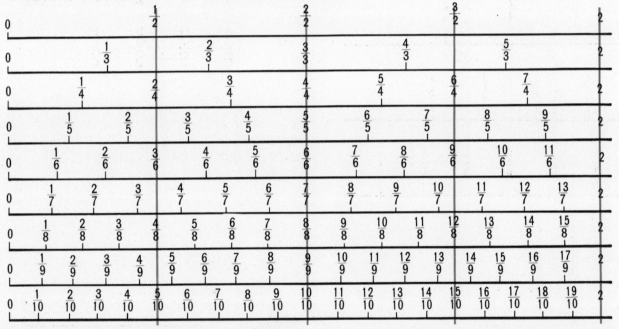

在上图中，我们把分母不同的分数在数线上表示出来，结果发现，有许多分数虽然分母不同，但大小却相等。

如 $\frac{1}{2}=\frac{2}{4}=\frac{3}{6}=\frac{4}{8}=\frac{5}{10}$，$\frac{2}{3}=\frac{4}{6}=\frac{6}{9}$ 等，都是大小相等的分数。现在我们再来仔细地观察数线，看看是否能找出大小相等的其他分数。

◉大小相等的分数性质

使用数线来表示分数时，可以发现有许多如 $\frac{1}{2}$、$\frac{2}{4}$、$\frac{3}{6}$……的分数，即使它们的分母和分子都不同，但是大小却相等。让我们来看看像这种大小相等的分数，它们的分母和分子之间，有什么样的关系？

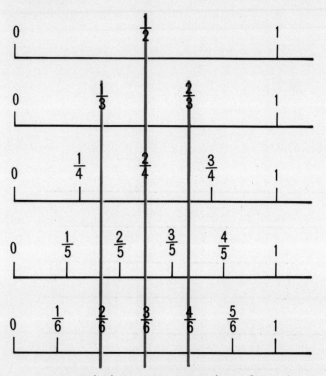

从图中我们可以知道 $\frac{1}{3}$ 和 $\frac{2}{6}$、$\frac{1}{2}$ 和 $\frac{2}{4}$ 和 $\frac{3}{6}$、$\frac{2}{3}$ 和 $\frac{4}{6}$ 分别都是大小相等的分数。首先，我们来检查看看 $\frac{1}{2}$ 和 $\frac{2}{4}$ 和 $\frac{3}{6}$ 之间有什么样的关系。

$$\frac{1}{2}=\frac{1\times 2}{2\times 2}=\frac{2}{4}$$

$$\frac{1}{2}=\frac{1\times 3}{2\times 3}=\frac{3}{6}$$

$\frac{2}{4}$ 是 $\frac{1}{2}$ 的分子、分母都乘上 2 得出的分数，而 $\frac{3}{6}$ 是 $\frac{1}{2}$ 的分子、分母都乘上 3 得出的分数。

无论是 $\frac{2}{4}$ 或 $\frac{3}{6}$，都是 $\frac{1}{2}$ 的分子、分母乘上相同的数所变成的分数。

这在大小相等的 $\frac{1}{3}$ 和 $\frac{2}{6}$、$\frac{2}{3}$ 和 $\frac{4}{6}$ 之间也成立。

＊ 分数的分子、分母乘以相同的数（除了 0 以外），分数的大小不变。

现在，我们再来想想有关 $\frac{2}{4}$ 和 $\frac{1}{2}$、$\frac{3}{6}$ 和 $\frac{1}{2}$ 之间的关系。

$$\frac{2}{4}=\frac{2\div 2}{4\div 2}=\frac{1}{2}$$

$$\frac{3}{6}=\frac{3\div 3}{6\div 3}=\frac{1}{2}$$

像这样，$\frac{1}{2}$ 是 $\frac{2}{4}$ 的分子、分母同时除以 2 得出的分数，也是 $\frac{3}{6}$ 的分子、分母同时除以 3 得出的分数。这在大小相等的 $\frac{2}{6}$ 和 $\frac{1}{3}$、$\frac{4}{6}$ 和 $\frac{2}{3}$ 之间也成立。

＊ 分数的分子、分母除以相同的数（除了 0 以外），分数的大小不变。

喔！分数的分子、分母除以相同的数，或乘上相同的数，它们的大小都不会改变耶！

◎ 约分

我们已经知道有许多分数，虽然分子、分母不同，但大小却相等。

现在，我们以图形来表示，并比较 $\frac{1}{2}$、$\frac{2}{4}$、$\frac{3}{6}$ 之间的关系。

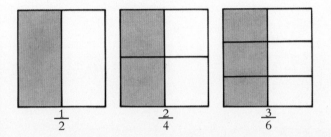

从图形中，我们知道3个分数都相等，但这时候，代表 $\frac{1}{2}$ 的图形比 $\frac{3}{6}$ 的图形要简单，而且容易了解。

在几个大小相等的分数中，用分子、分母最小的分数来表示它的大小最为明晰。

● 把 $\frac{8}{24}$ 化为简单的分数

把 $\frac{8}{24}$ 化为简单的分数的过程中，只要把 $\frac{8}{24}$ 的分子、分母变小，而不改变分数的大小。

分数的分子、分母同时除以相同的数时，大小不变。

◆ 首先，用 2 来除除看。

$24 \div 2 = 12$，$8 \div 2 = 4$，分子和分母都可以除得尽，因此变成

$$\frac{8}{24} = \frac{4}{12}$$

◆ 接下来，再用 3 来除除看。

$24 \div 3 = 8$，$8 \div 3 = 2.66\cdots$ 结果分母除得尽，但分子除不尽。

◆ 这一次，我们再用4来除除看。

$24 \div 4 = 6$，$8 \div 4 = 2$，分子和分母都除得尽，因此，

$$\frac{8}{24} = \frac{2}{6}$$

◆ 这一次，我们再用8来除除看。

$24 \div 8 = 3$，$8 \div 8 = 1$，分子和分母都除得尽，因此，

$$\frac{8}{24} = \frac{1}{3}$$

比起 $\frac{8}{24}$、$\frac{4}{12}$ 或 $\frac{2}{6}$，$\frac{1}{3}$ 的分母和分子最小，而且较容易了解分数的大小。

$\frac{8}{24}$ 的分子8、分母24，分别用2、4、8除，都可以除得尽。

因此我们可以知道2、4、8就是8和24的公因数。

为了使某一个分数的分子和分母除以相同的数之后成为最简单的分数，只要找出分子和分母的最大公因数就可以了。

把分数的分子和分母同时除以公因数，使分数的分子和分母变小，却不改变分数的大小，这称为约分。

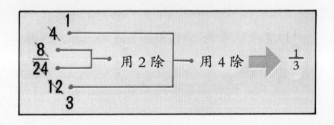

◉通分

小萍的水壶可以装 $\frac{1}{3}$ 升的水, 小凤的水壶可以装 $\frac{2}{5}$ 升的水, 大华的水壶可以装 $\frac{1}{5}$ 升的水。那么, 哪一个水壶的容量最大呢?

●比较 $\frac{1}{3}$ 升、$\frac{2}{5}$ 升、$\frac{1}{5}$ 升的大小

3 个水壶的容量不能一次做出比较, 因此我们把每 2 个分别进行比较。

首先, 我们先比较分母相同的分数。

小凤的水壶容量是 $\frac{2}{5}$ 升, 大华的水壶容量是 $\frac{1}{5}$ 升, $\frac{2}{5}$ 和 $\frac{1}{5}$ 是分母相同的分数, 因此我们知道分子较大的 $\frac{2}{5}$ 比 $\frac{1}{5}$ 大。也就是说小凤的水壶容量比

大华的水壶容量大。

$$\frac{2}{5} 升 > \frac{1}{5} 升$$

接下来, 我们再来比较分子相同的分数。小萍的水壶容量是 $\frac{1}{3}$ 升, 大华的水壶容量是 $\frac{1}{5}$ 升。$\frac{1}{3}$ 和 $\frac{1}{5}$, 分子同样都是 1, 因此分母较小的 $\frac{1}{3}$ 比较大。也就是说小萍的水壶容量比大华的水壶容量大。

$$\frac{1}{3} 升 > \frac{1}{5} 升$$

下面, 我们就要来比较 $\frac{2}{5}$ 升和 $\frac{1}{3}$ 升的大小了。

在数线上表示分数的时候, 如 $\frac{1}{2}$ 和 $\frac{2}{4}$, 分母虽然不一样, 却是两个大小相同的分数。

🐸动脑时间

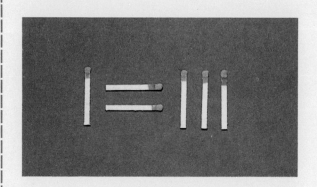

这是用火柴棒排列出来的算式。但是 1=111 实在很奇怪。请移动 "=" 右边的三根火柴棒, 使等式成立。

提示: 把 "=" 右边变成分数。而不是 11 = 11 哦。

要变成什么样的分数呢? 如果分子和分母的数相同, 就会变成整数。

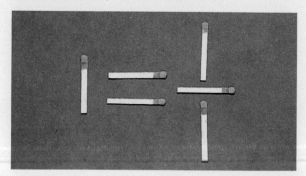

如 $\frac{2}{5}$ 和 $\frac{1}{3}$，在比较分母不同的分数大小时，必须先把它们化为分母相同的分数以后再做比较。

● 和 $\frac{2}{5}$ 大小相等的分数

$$\left\{ \frac{2}{5} = \frac{4}{10} = \boxed{\frac{6}{15}} = \frac{8}{20} = \frac{10}{25} \cdots\cdots \right\}$$

$$\frac{2\times2}{5\times2} \quad \frac{2\times3}{5\times3} \quad \frac{2\times4}{5\times4} \quad \frac{2\times5}{5\times5}$$

● 和 $\frac{1}{3}$ 大小相等的分数

$$\left\{ \frac{1}{3} = \frac{2}{6} = \frac{3}{9} = \frac{4}{12} = \boxed{\frac{5}{15}} \cdots\cdots \right\}$$

$$\frac{1\times2}{3\times2} \quad \frac{1\times3}{3\times3} \quad \frac{1\times4}{3\times4} \quad \frac{1\times5}{3\times5}$$

其中，$\frac{6}{15}$ 和 $\frac{5}{15}$ 是分母相同的分数。

而 $\frac{6}{15} > \frac{5}{15}$，

因此 $\frac{2}{5}$ 升 $> \frac{1}{3}$ 升。

所以，小凤的水壶容量比小萍的水壶容量大。

像这样，把分母不同的几个分数，不改变分数的大小，而化为分母相等的分数，这就称为通分。

这样，我们就可以比较 3 个水壶容量的大小了。

$$\frac{2}{5} 升 > \frac{1}{3} 升 > \frac{1}{5} 升$$

可知小凤的水壶容量最大。

● 通分的方法

现在，我们来想想 $\frac{5}{6}$ 和 $\frac{3}{4}$ 的通分方法。

首先，找出和 $\frac{5}{6}$、$\frac{3}{4}$ 大小相等的分数。

$$\left\{ \frac{5}{6} = \boxed{\frac{10}{12}} = \frac{15}{18} = \boxed{\frac{20}{24}} \cdots\cdots\cdots\cdots \right\}$$

$$\left\{ \frac{3}{4} = \frac{6}{8} = \boxed{\frac{9}{12}} = \frac{12}{16} = \frac{15}{20} = \boxed{\frac{18}{24}} \cdots\cdots \right\}$$

其中分母相同的分数有 $\frac{10}{12}$ 和 $\frac{9}{12}$、$\frac{20}{24}$ 和 $\frac{18}{24}$ 等。

通分后的分母 12 和 24，称为共通的分母。另外，在通分的时候，共通的分母尽可能越小越好。

把 $\frac{5}{6}$ 和 $\frac{3}{4}$ 通分，就变成 $\frac{10}{12}$ 和 $\frac{9}{12}$。

我们来看看共通的分母 12 和 24。

12 和 24，变成原来的分母 6 和 4 的公倍数。因此，在通分的时候，先找出分母的公倍数，再把它变为共通的分母就可以了。

整 理

(1) 分数的分子和分母乘上相同的数（除了 0 以外），或是除以相同的数（除了 0 以外），分数的大小不变。

(2) 把分数的分母和分子，除以它们的公因数，变成较简单的分数，这个过程称为约分。

(3) 把分母不同的分数，变成共通分母的分数，而不改变分数的大小，这称为通分，共通的分母是原分母的公倍数。

4 分数和小数

◉ 比较小数和分数的大小

在准备自然课实验时，小诚拿了 0.7 米的漆皮线，小娟拿了 $\frac{6}{10}$ 米的漆皮线。哪一条漆皮线比较长呢？

● 比较0.7 米和 $\frac{6}{10}$ 米

在比较小数和分数的大小时，要先将其化为小数或分数之后再来比较。

首先，我们把 $\frac{6}{10}$ 米化为小数。

$\frac{6}{10}$ 和 $6 \div 10$ 相同，因此 $\frac{6}{10} = 6 \div 10 = 0.6$。用小数来表示 $\frac{6}{10}$ 米，就等于 0.6 米。

因为 $0.7 > 0.6$，所以得知小诚的漆皮线比较长。

现在，我们再把 0.7 化为分数之后再进行比较。

0.7 是 0.1 的 7 倍，0.1 代表 $\frac{1}{10}$，因此 0.7 可用 $\frac{7}{10}$ 来表示。

比较 $\frac{6}{10}$ 和 $\frac{7}{10}$，结果 $\frac{6}{10} < \frac{7}{10}$。

可知还是小诚的线比较长。

如上所述，小数可以用分数来表示；分数也可以用分子除以分母，化为小数来表示。

● 大小相同的分数和小数

把 10 升酱油平均分成 20 瓶，每一瓶有几升的酱油？另外，2 瓶有几升。

在这个问题中，因为我们要把 10 升酱油平分成 20 瓶，因此列成的算式就变成 $10 \div 20$。

现在，赶快来计算看看吧！

$$10 \div 20 = 0.5$$

每一瓶装入 0.5 升的酱油，因此 $0.5 + 0.5 = 1$，2 瓶就是 1 升。

整数之间的除法，也可以用分数来表示。

$$10 \div 20 = \frac{10}{20}$$

$\frac{10}{20}$ 约分后就是 $\frac{1}{2}$。每一瓶装入 $\frac{1}{2}$ 升的酱油，2 瓶的话就是 $\frac{1}{2} + \frac{1}{2} = \frac{2}{2}$，装入了 $\frac{2}{2}$ 升。

1 瓶的答案是 0.5 升或 $\frac{1}{2}$ 升，2 瓶的答案是 1 升或 $\frac{2}{2}$ 升，答案都一样。我们可以用以下的数线来验算看看。

| 0 | 0.5 | 1 | 1.5 | 2 | 2.5 | 3 | 3.5 | 4 | 4.5 | 5 | 5.5 | 6 | 6.5 | 7 | 7.5 | 8 | 8.5 | 9 | 9.5 | 10 (L) |

| 0 | $\frac{1}{2}$ | $\frac{2}{2}$ | $\frac{3}{2}$ | $\frac{4}{2}$ | $\frac{5}{2}$ | $\frac{6}{2}$ | $\frac{7}{2}$ | $\frac{8}{2}$ | $\frac{9}{2}$ | $\frac{10}{2}$ | $\frac{11}{2}$ | $\frac{12}{2}$ | $\frac{13}{2}$ | $\frac{14}{2}$ | $\frac{15}{2}$ | $\frac{16}{2}$ | $\frac{17}{2}$ | $\frac{18}{2}$ | $\frac{19}{2}$ | $\frac{20}{2}$ (L) |

1 瓶份

从上图可以了解，$\frac{1}{2}$ 和 0.5、$\frac{2}{2}$ 和 1 大小相同。

同样地，现在我们把 2.3 化为分数，把 $5\frac{3}{4}$ 化为小数。

2.3 可以分成 2 和 0.3。因为 0.1 等于 $\frac{1}{10}$，而 $2.3 = 2 + 0.3 = 2 + \frac{3}{10} = 2\frac{3}{10}$，因此 2.3 可以用 $2\frac{3}{10}$ 表示。

$$5\frac{3}{4} = \frac{23}{4} = 23 \div 4 = 5.75，另外，$$

$$5\frac{3}{4} = 5 + \frac{3}{4} = 5 + 0.75 = 5.75$$

因此，$5\frac{3}{4}$ 可以用小数表示成 5.75。但是，在分数中，$\frac{1}{3} = 0.3333$，$\frac{2}{3} = 0.6666$，$\frac{4}{11} = 0.3636$ 等，也可以用除不尽的小数来表示。

整理

(1) 小数可以表示成以 10、100……为分母的分数。

(2) 分数是分子除以分母，也可以化为小数来表示。

5 算式和计算

(2) 使用（　　）的话，可以把2个算式改写成1个算式。

苹果 　🍎🍎🍎🍎🍎
$1 \times 5 = 5$
$0.3 \times 5 = 1.5$　6.5
橘子

$(1 + 0.3) \times 5 = 6.5$

整理

1 使用（　　）的算式

(1) 算式中如果有（　　）可以把（　　）里的式子当作1个数计算。

10元　　🚗 2.5元
　　　　📓本子 3元

可以找回 $10 - (2.5 + 3) = 4.5$

2 算式中有（　　）的计算方法

算式中如果有（　　），可以把（　　）内的算式先加以计算。

$20 - (10 + 2) = 20 - 12 = 8$

试试看，会几题？

1 小英在市场买了48元的水果和24元的蔬菜，付给老板1张100元的钞票。请利用（　　）写出1个算式。

2 小明到面包店订了6盒蛋糕，每盒是12元，另外又买了1盒25元的冰激凌，请用1个算式计算小明总共花了多少钱。

3 计算的顺序

(1) ＋、－、×、÷ 的四则混合计算

即使没有（　　），也要把乘法、除法当作1组并先计算。

$200 - 46 \times 3$

→先算乘法

$200 - 138$

$200 \div 4 + 20$

→先算除法

$50 + 20$

(2) ×、÷ 的混合计算

通常是按照顺序计算，但也可以改变顺序

$100 \times 28 \div 10 \to 100 \div 10 \times 28$

4 计算的方法

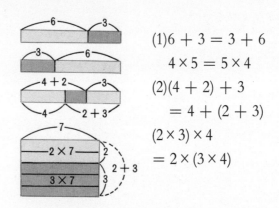

(1) $6 + 3 = 3 + 6$

$4 \times 5 = 5 \times 4$

(2) $(4 + 2) + 3$

$= 4 + (2 + 3)$

$(2 \times 3) \times 4$

$= 2 \times (3 \times 4)$

(3) $(2 + 3) \times 7 = 2 \times 7 + 3 \times 7$

$7 \times (2 + 3) = 7 \times 2 + 7 \times 3$

(4) 运用 (1) 至 (3) 的计算规则做计算

$25 \times 12 + 25 \times 28 = 25 \times (12 + 28) = 25 \times 40$

3 小玉买了 12 支铅笔，每支铅笔 0.5 元，又买了 12 块橡皮擦，每块也是 0.5 元，小玉总共花了多少钱？利用（　　）写出 1 个算式以计算答案。

4 小华买了 32 张红色彩纸、40 张蓝色彩纸和 28 张白色彩纸。把这些彩纸平分给 4 个小朋友，由小朋友折成纸船，每个人应该折几只？写出 1 个算式并计算答案。

答：1 100－（48＋24）　2 12×6＋25＝97　3 （12＋12）×0.5＝12　4 （32＋40＋28）÷4＝25

解题训练

■ 写出包含（　）的算式

1 小明上文具店买了右边的文具，付给文具店老板 1 张 100 元的钞票，可以找回多少钱？利用（　）写出 1 个算式并计算答案。

13 元　　55 元

◀ **提示** ▶

先用文字列出算式，再添加适当的数字便能得出答案。

⊚ 解法

先写出"文字的算式"再一一添上适当的数字。付出的钱—文具的钱＝找回的钱，文具的全部价钱是 55 + 13，所以可以写成 100 − (55 + 13)。使用（　）时，可以把（　）中的式子当作 1 个数，而（　）中的式子要先计算，因此 100 − (55 + 13) 也就是 100 − 68。算式 100 − (55 + 13) = 32。

答：32 元

■ ＋、−、×、÷ 的四则混合计算

2 共有 4 叠折纸，每叠各有 20 张。用掉 10 张之后再把剩余的平分给 7 人。算算看，每人分得几张？写出 1 个算式并计算答案。

◀ **提示** ▶

算算看，分给 7 人的折纸总共有多少张？先计算（　）中的式子。×、− 混合计算时要先计算乘法。

⊚ 解法

先计算 7 人共分得多少张折纸。每叠折纸各有 20 张，4 叠的全部张数是 20×4，其中用掉了 10 张，所以剩余的张数是 20×4 − 10 = 70(张)。7 人平分 70 张纸，所以每人分得的张数是 70÷7 = 10(张)。如果用 1 个算式表示就是 (20×4 − 10)÷7。必须先计算（　）中的式子，但（　）中的式子如果为 ×、− 混合时，要先计算乘法。（　）中的式子是 80 − 10，所以等于 70。70÷7 = 10(张)。

答：10 张

■ ×、÷ 的混合计算的方法

◄ 提示 ►

想一想，48 人共出了多少钱？

把全部人数分成 6 组。

3 48 人合买 6 本同样价钱的书，如果每人付 10 元，全部的钱刚好够用。算算看，每本书是多少钱？写出 1 个算式并求出答案。

● **解法**

（全部的钱数）÷（书的册数）＝（每册的价钱）。

$(10 \times 48) \div 6$

先用文字写出算式，再填进确实的数字，便得出上列算式。接着计算 $(10 \times 48) \div 6$。$10 \times 48 = 480$，所以 $480 \div 6 = 80$

答：80 元

● **其他解法**

把 48 人分成 6 组，每组刚好买得一本书。因此可以写成 $10 \times (48 \div 6)$，$10 \times 8 = 80$，得出的答案相同。

×、÷ 混合计算时，如果改变计算的顺序，得到的答案不变。

■ 应用计算的规则

4 18 个小朋友，每人分别买了 1 块垫板和 1 个本子，垫板每块 13 元，本子每本 7 元，总共要多少钱？写出 1 个算式并列出答案。

◄ 提示 ►

先计算 1 人份需要多少钱？

● **解法**

垫板的总价加上本子的总价等于全部的费用。写成 1 个式子便是垫板总价……13×18

本子总价……7×18

$$13 \times 18 + 7 \times 18$$
$$\downarrow \qquad \downarrow$$
$$234 + 126 = 360$$

● **其他解法**

先计算 1 人份的费用，1 人份是 $13 + 7$。

全部费用是 $(13 + 7) \times 18 = 20 \times 18 = 360$。

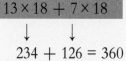

$$13 \times 18 + 7 \times 18 = (13 + 7) \times 18$$

答：360 元

※ 应用计算的规则便可轻松算出答案。

加强练习

1 下面 4 张计算卡上的算式可以写成 1 个完整的算式，但计算卡的编号和算式中的位置略有改变，不按照顺序排列。

① 3096－1159＝1937

② 86×36＝3096

③ 52155÷45＝1159

④ 1937×24＝46488

(1) 这个算式最后的答案是多少？

(2) 写出这个完整的算式。

2 小明、小英、小华、小玉 4 个人一起出门郊游。小明付了 4 人份的点心钱，每份 15 元。小英付了 4 人份的车费共 120 元。小华付了 4 人份的门票钱，每份 20 元。小玉付了 4 人份的午餐费共 200 元。下面 4 个式子是计算每人郊游所花的费用。

① 15 ＋ 120 ＋ 20 ＋ 200

② 15 × 4 ＋ 120 ÷ 4 ＋ 20 ＋ 200 ÷ 4

③ (15 × 4 ＋ 120 ＋ 20 × 4 ＋ 200) ÷ 4

④ 15 ＋ 20 ＋ (120 ＋ 200) ÷ 4

(1) 哪几个式子是错的？ (2) 在正确的算式中，哪一个式子的表示方法最简单明了？

解答和说明

1 在计算 1 个由许多个算式组成的算式时，必须按照既定的顺序，一步一步地做计算。①式中的 1937 也出现在④式中，所以①式是在④式之前。

(1) ④式等号后面的答案没有出现在其他 3 个式子里。由此可以知道原算式的答案是 46488。

(2) ①式是表示②式的答案 3096 和③式的答案 1159 的差，所以②－③＝①。

④式等于①式的答案乘以 24，所以是 (②－③)×24。

答：(1) 46488

(2) (86 × 36 － 52155 ÷ 45) × 24

2 (1) 注意题目中列出的 1 人份费用和 4 人份全部费用的不同。

15 元和 20 元分别是 1 人份的费用。

120 元和 200 元分别是 4 人份的费用。

①式和②式没有按照上面的方式将费用区分计算，所以①、②式都是错的。

(2) ③式先把 1 人份的费用乘以 4 倍后再除以 4，所以计算的过程稍嫌麻烦。

④式先把 4 人份的费用合并于小括号中，然后除以 4，接着再加上另外 2 种 1 人份的费用，所以是最简单明了的算式。

答：(1) ①② (2) ④

3 下面是运用小括号做计算的例子。□里都填上了编号。请写出□里的正确数字。

(1) $785 - 396 + \boxed{①} - \boxed{②}$
$= (785 + \boxed{①}) - (396 + \boxed{②})$
$= 1000 - 800 = 200$

(2) $132 \times 35 \div \boxed{①} \div \boxed{②}$
$= (132 \div \boxed{①}) \times (35 \div \boxed{②})$
$= 22 \times 5 = 110$

4 小明买了24支铅笔、20本本子、30块橡皮擦。铅笔、本子、橡皮擦每1种的单价都是5元，这些文具的全部价钱可以用下列的算式计算出来。

$5 \times 24 + 5 \times 20 + 5 \times 30$

试着把上面的算式改写，写成1个算式再计算出答案。

3 (1) 由加、减法构成的式子可以更改加减的顺序后再计算答案。

如果减数有若干个，可以先把各个减数相加，求出全部减数的和后再计算答案。

$785 + \boxed{①} = 1000$，$396 + \boxed{②} = 800$，由这2个算式可以求得①、②的答案。

(2) 由乘、除法构成的算式也可以更改乘除的先后顺序再计算答案。

由 $132 \div \boxed{①} = 22$ 的算式中可以求出①的答案。由 $35 \div \boxed{②} = 5$ 的算式中可以求出②的答案。

答: (1) ① 215 ② 404 　 (2) ① 6 ② 7

4 每一种文具的单价都是5元，所以总共买了(24+20+30)份5元的物品。算式是 $5 \times (24 + 20 + 30)$。

答: 370 元

应用问题

1 计算下列式子，在 _____ 中填写正确数字。

(1) $0.28 \times 5 + 1.41 \div 3$
$= \boxed{} + \boxed{} = \boxed{}$

(2) $50 - (32.5 - 9.2 \times 3)$
$= 50 - (32.5 - \boxed{}) = \boxed{}$

2 算式是 $\boxed{} - (48 + 52) \times 3$。

计算时如果先求出 $\boxed{} - 100$ 的答案，再把该答案乘以3倍，得到的最后答案是2172，但因为计算的方法错误，所以这个答案并不正确。

上面错误的计算方法如果用算式表示便是 $(\boxed{} - 100) \times 3 = 2172$，请求出 $\boxed{}$ 中的数。答: **1** (1)1.4、0.47、1.87　(2)27.6

2 824。

6 使用□或○的算式和变换的方法

整理

1 □或○的使用方法

(1) □、○、△可以替代数字的使用。

(□+△)+○=□+(△+○)

(□+△)×○=□×○+△×○

上面的算式是利用□、○、△替代数字来表示计算的规则。

(2) □、○、△可以表示数量的关系。

● 正方形的边长和周长的关系

$$\downarrow \qquad \downarrow$$

$$□ \qquad ○ \qquad □×4=○$$

红球和白球共 12 个时，红球和白球个数的关系

$$\downarrow \qquad \downarrow$$

$$□ \qquad △$$

$$□+△=12$$

试试看，会几题？

1 将下列的事物用□、○表示，并写出算式。

(1) 红玫瑰和黄玫瑰共计 10 朵。(把红玫瑰当作□朵，黄玫瑰为○朵)

(2) 小明父亲的年纪比小明大 26 岁。(把小明的岁数当作□岁，父亲的岁数为○岁)

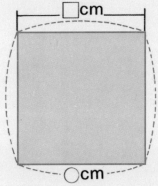

□cm

○cm

2 (1) 由正方形 1 边的长求正方形的周长。把 1 边的长当作□厘米，周长当作○厘米，并写出算式。

(2) 由 (1) 所求得算式中的□可不可以为 0？

(3) 把 1、2、3……分别填入 (1) 所求得算式中的□里，○会成为什么数？把答案填在下面的表格里。

一边的长	1	2	3	4	5	6	7
周 长	①	②	③	④	⑤	⑥	⑦

答：1 (1) □+○=10 或 10−□=○，10−○=□ (2) □+26=○ 或 ○−□=26，○−26=□

2 (1) □×4=○ (2) 不可以 (3) ① 4 ② 8 ③ 12 ④ 16 ⑤ 20 ⑥ 24 ⑦ 28

2 在使用□或○的算式中，探讨□或○的大小或变换的情形

(1) □、○的大小。

① □＋○＝12

□、○之中可以填写许多不同的数，但并不是任何数都能随意填入。最大的数不可超过12。

② □×○＝30

如果□、○都是整数，□、○的组合方式将如下表。

□	1	2	3	5	6	10	15	30
○	30	15	10	6	5	3	2	1

(2) □或○的变换方式。

① □增加1时，○便须减1。

② □增加1时，○也增加1。

□增加2时，○也增加2。

③ □增加1时，○增加3。□增加2时，○增加6。

④ □增为2倍时，○须乘以 $\frac{1}{2}$。□增为3倍时，○须乘以 $\frac{1}{3}$。

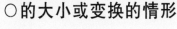

① □＋○＝12

② □－○＝6

③ □×3＝○

④ □×○＝60

3 小明和朋友们玩掷球游戏，每人各掷10个球，下图是比赛的情形，图中只能看出没掷中的球数。

小明　小英　小华

(1) 谁投进的球数最多？

(2) 把投进的球数当作□个，没投进的球数当作○个，并用算式表示□和○的关系。

(3) 在 (2) 所求得的算式中，符合□的最大数是什么？

4 把48粒围棋子排成长方形，并调查长、宽两边每列粒数的关系。

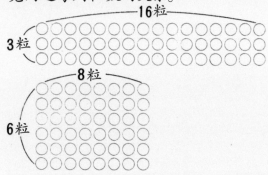

16粒
3粒

8粒
6粒

(1) 把长边的粒数当作○粒，宽边的粒数当作□粒，并写出乘法的算式。

(2) 在下表的空格里填写数字。

□粒	1	2	3	①	6	8	12	②	③
○粒	48	24	④	12	⑤	⑥	⑦	3	2

(3) 如果□里的数增为2倍，○里的数应该乘以多少？

3 (1) 小华 (2) □＋○＝10或10－□＝○，10－○＝□ (3) 10

4 (1) □×○＝48 (2) ① 4 ② 16 ③ 24 ④ 16 ⑤ 8 ⑥ 6 ⑦ 4 (3) 乘以 $\frac{1}{2}$

解题训练

■应用□或○的算式

1 右边是文具店所卖的文具价格。小明打算用15元买下其中的2种文具，2种文具的全部价钱刚好15元。想想看，有哪几种买法？

- 本子8元
- 橡皮擦3元
- 调色板5元
- 圆珠笔2元
- 垫板6元
- 圆规9元
- 水彩笔12元
- 毛笔13元
- 砚台10元
- 量角器7元

◀ 提示 ▶

注意□＋○＝15

● 解法

把1种文具当作□元，另1种当作○元，算式是□＋○＝15。□的大小确定后，便可求得○的大小。

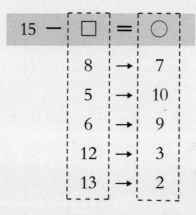

□＋○＝15的算式可以写成15－□＝○，或写成15－○＝□。□的大小确定后，便可求得○的大小。如果把8、5等数目一一填入□里，○的值将如左图分别成为7、10……

答：买法有本子和量角器、调色板和砚台、垫板和圆规、水彩笔和橡皮擦、毛笔和圆珠笔这几种。

■探讨应用□和○的算式之关系

2 左边的算式分别是右边哪一个叙述的算式？用记号作答。

① □＝24＋○   （一）彩色铅笔每套24元，买○支的话，共需□元。

② □＝24×○   （二）长○厘米、宽□厘米的长方形面积是24平方厘米。

③ □＝24÷○   （三）小明今年○岁，父亲今年□岁，2人的年龄相差24岁。

◀ **提示** ▶

试着用 24 和○写出算式以计算□的答案。

● **解法**

由题目得知 24 一直保持不变，但□、○却有变化。

①表示□和○的差永远是 24，所以在 (一)、(二)、(三) 的 3 个叙述中寻找 2 个数的差永远为 24 的叙述。结果得知①是 (三) 的算式。

②表示 24 乘以○倍后会成为□，例如 $24 \times 2 = 48$ 或 $24 \times 3 = 72$。所以②是 (一) 的算式。

③表示□或○的积永远是 24，所以也可以表示长 × 宽＝长方形的面积，例如 $24 \times 1 = 24$、$12 \times 2 = 24$、$8 \times 3 = 24$。$□ \times ○ = 24 \rightarrow □ = 24 \div ○$，所以③是(二)的算式。

■**计算□和○的大小**

3 右图是用 22 根火柴棒排成的长方形。如果把长边当作○根，宽边当作□根，并用式子表式□、○的关系，就成为 $□ + ○ = 11$。试试看，写出所有适合□、○的数。

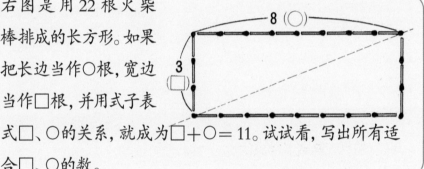

◀ **提示** ▶

看着表格仔细查查看，当宽是 1、2、3……时，长各是多少?

● **解法**

长方形的周长是长 $\times 2$ ＋宽 $\times 2$，所以长方形长和宽所需的火柴数是全部火柴数的一半，也就是 11 根。长、宽数目的各种组合可以写成下面的表格。

宽 (□根)	1	2	3	4	5	6	7	8	9	10
长 (○根)	10	9	8	7	6	5	4	3	2	1

$□ + ○ = 11$ 的时候，□、○的大小可由上表看出。在决定长宽时虽然可以像右图一样把长宽定为 (1, 10)，但若把长宽当做 (0, 11) 却无法做出长方形。因此，□、○中的数都是 1 到 10 为止。

答：符合□、○的数是 1 到 10 的所有整数。

加强练习

1 选选看, 把下面甲、乙区的数填在下列的算式中, 注意□和○的关系。

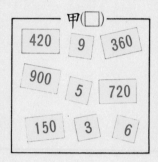

（例）□＋○＝1000……(420 和 580)

①□×4＝○……（　和　）（　和　）

②□－○＝200……（　和　）（　和　）

③□×○＝90……（　和　）（　和　）

④□÷○＝10……（　和　）（　和　）

解答和说明

1 从甲区选出1张卡片。

①将卡片中的数字乘以4

②将卡片中的数字减去200

③拿90除以卡片中的数字

④将卡片中的数字除以10

在左边的4种计算中, 如果计算后的答案出现于乙区中, 把甲区卡片的数字和乙区卡片的数字组合起来。

答：①(5，20)(3，12) ②(360，160)(900，700) ③(6，15)(9，10) ④(150，15)(720，72)

2 在第①题里, 不论男生或女生, 最少必定有1个人, 最多则多达24人。在第②

2 算算看, 在下面各题中, □和○的数各是多少到多少?

①男生和女生共有25人在公园游玩。如果把男生当作□人, 把女生当作○人, □和○的关系是□＋○＝25。

②将40根火柴棒排成长方形, 长(○根) 和宽(□根) 的关系是□＋○＝20

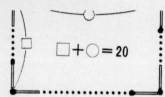

□＋○＝20

题里, □或○若是0, 便无法做成长方形, 所以不论长或宽, 最少必定有1根火柴棒, 而长边和宽边的火柴数是40的 $\frac{1}{2}$, 也就是20根。

答：①□、○都是1人到24人。

②□、○都是1根到19根。

3 ①□的数顺序增1, 而○的数则顺序减1, 这是因为□和○的总数是一定的缘故。

②□和○的数都顺序增1, 这是因为□和○的差异一直维持不变, 就如年龄的差异一样。

③□增为2倍时, ○必须乘以 $\frac{1}{2}$, 这是因为□和○的积是一定的缘故。

3 下列表格显示□和○的关系，利用表格将□和○的关系写成算式。

①
□	0	1	2	3	4	5	6	7
○	7	6	5	4	3	2	1	0

②
□	0	1	2	3	4	5	6	7
○	27	28	29	30	31	32	33	34

③
□	1	2	3	4	5	6	7	8
○	24	12	8	6		4		3

4 右边的图表显示哥哥和弟弟的年龄关系，纵轴代表哥哥的年龄（□岁），横轴代表弟弟的年龄（○岁）。

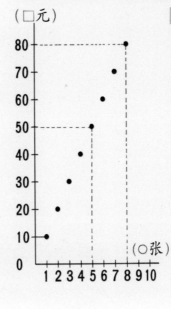

(1) 哥哥10岁时，弟弟是几岁？

(2) 弟弟20岁时，哥哥是几岁？

(3) 把哥哥（□）和弟弟（○）的年龄关系写成算式。

答：①□＋○＝7　②□＋27＝○
$$\binom{7-○=□}{7-□=○}\qquad\binom{○-27=□}{○-□=27}$$
③□×○＝24

4 朝右方上升的点线表示□和○都在增加。

(1) 点（□…10，○…0）表示哥哥10岁、弟弟0岁，所以哥哥比弟弟大10岁。

(2) 点（□…20，○…10）表示哥哥20岁、弟弟10岁。

从（1）到（2），□和○各增加10，也就是说两方面都增加同样的数，而不是只有一方增加。

答：①0岁②30岁③□－○＝10（或○＋10＝□，□－10＝○）

应用问题

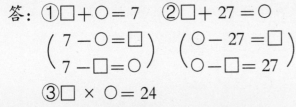

1 左边的图表显示纸板数量和价钱的关系，纵轴代表价钱（□元），横轴代表纸板的数量（○张）。

(1) 把□和○的关系写成算式。

(2) 5张纸板的价钱是多少元？

(3) 80元可以买到几张纸板？

答：(1)10×○＝□　　(2)50元　　(3)8张

7 括号以及混和使用乘除法的算式

妈妈拿了一张50元钞票，要小咪、小华、小宝帮她去买东西。东西买回来后，要让妈妈知道钱是怎么找回来的。

小咪、小华、小宝三个人都在想，用什么方法才能让妈妈晓得用了多少钱、找回了多少钱。

记得哦，买胡萝卜6元，萝卜8元，马铃薯8元。

好的！

小咪所想的算式	小宝所想的算式	小华所想的算式
$50 - 6 = 44$	$50 - 6 - 8 - 8 = 28$	$6 + 8 + 8 = 22$
$44 - 8 = 36$		$50 - 22 = 28$
$36 - 8 = 28$		

小华的算式不但可以了解蔬菜的费用一共多少，也可以知道找回了多少钱。

能不能像小宝一样，一次就把它算完呢？

◆ 想想看，能不能只用一个算式来表示呢？

蔬菜店老板计算3种蔬菜的价钱后，收下了50元，把剩下的钱找给小咪他们。

只要知道怎样合算3种蔬菜的价钱，就能用一个算式来算出剩下多少钱。

●使用（）合计数目

我们已经学过找钱的算法了。

（付出的钱）−（买东西的费用）＝找回来的钱。

小华把自己的算式重新整理了一下。

$$50 - 6 + 8 + 8 = 60$$

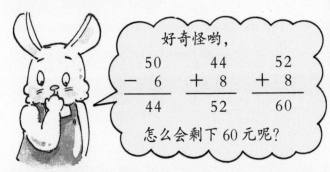

好奇怪哟，

50	44	52
− 6	+ 8	+ 8
44	52	60

怎么会剩下 60 元呢？

合计数目的时候，可以使用（ ）。（ ）叫作括号。

蔬菜的费用是 6 元、8 元、8 元，用 50 元减掉这 3 个费用

$$50 - \underbrace{(6 + 8 + 8)}_{\text{蔬菜费用}}$$

付出去的钱

用（ ）的算式，先合计括号内的数目再进行减法运算：

$$50 - (6 + 8 + 8)$$
$$= 50 - 22$$
$$= 28$$

例题

请看下面的问题应该怎么计算。

一个苹果卖 5 元，但是水果店老板特别优待，每个苹果便宜 1 元，小咪买了 8 个，一共需要多少钱？

我知道啦。
(1 个的价)×(几个) ＝总共的价钱
一个的价钱是 5 − 1 ＝ 4，它的 8 倍是（5 − 1)×8 嘛!

(5 − 1)×8 的算式，要先计算（ ）内的结果再进行乘法运算：

$$(5 - 1) \times 8$$
$$= 4 \times 8$$
$$= 32 \quad \text{答：8 个苹果总共需要 32 元。}$$

◉混合使用乘除法的算式

笔记本每本7元，请帮我买3本哦。

铅笔一支2元，请帮我买5支哦。

小华把它整理成下面的算式：

笔记本费　　　　7×3

铅笔费　　　　　2×5

小华帮小咪和小宝买笔记本及铅笔，这两种文具价钱的总和如下：

$$(7 \times 3) + (2 \times 5)$$

笔记本钱　　铅笔钱

7×3 或 2×5 可以当作是1个单一的数目。

不使用括号的乘法或除法，可以当作是单一的数目。

先计算乘除法的结果，再计算加减法。

$$7 \times 3 + 2 \times 5$$
$$= 21 + 10 = 31$$

小华自己也买了1张图画纸，这种图画纸每5张20元，所以，小华今天买的所有东西，可以这样写：

每5张20元的图画纸买1张，等于 $20 \div 5$。

$$7 \times 3 + 2 \times 5 + 20 \div 5$$
$$= 21 + 10 + 4 = 35$$

小华今天买文具的费用一共是35元。

例题

接下来，让我们再看看下面的计算题。

小宝帮妈妈买5块肥皂，肥皂24块是120元，请问买5块是多少钱？应该怎么计算才对呢？

◆ 小宝的想法

5块肥皂的费用是1块肥皂的5倍，我们可以用下面的算式来计算。

1块肥皂的费用　$120 \div 24 = 5$

5的5倍等于　　$5 \times 5 = 25$

整理成一个完整的公式，就变成

$$120 \div 24 \times 5$$

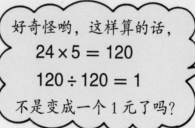

好奇怪哟，这样算的话，

$$24 \times 5 = 120$$
$$120 \div 120 = 1$$

不是变成一个1元了吗？

小咪的计算顺序不对嘛！应该怎么计算才正确呢？

＊只有乘法和除法的算式，应该依顺序从左开始算起。

$$120 \div 24 \times 5 = 5 \times 5 = 25$$

小宝，妈妈给你100元，找回多少钱呢？

买肥皂的费用是

$120 \div 24 \times 5$，

小宝认为：

（找回来的零钱）＝
（付出去的钱）－（买东西的费用）

所以他的算式写成 $100 - 120 \div 24 \times 5$

×或÷比－或＋
先计算吗？

让我们一起来算算看剩下多少钱。
上面的算式照①、②、③的顺序计算。

$$100 - 120 \div 24 \times 5$$

①②③

① $120 \div 24 = 5$
② $5 \times 5 = 25$
③ $100 - 25 = 75$

依照①、②、③的顺序，先算除法，再

算乘法，然后再用减法来减。让我们再重新整理一次。

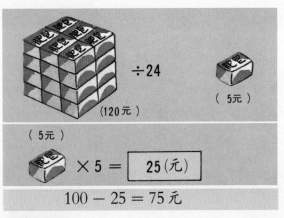

÷24
（5元）
（120元）
（5元）

$\times 5 =$ 　25（元）

$100 - 25 = 75$ 元

例题

请你想一想，下面的算式应该依照什么顺序来计算呢？

$$700 - (540 - 32 \times 4)$$

(1) 先计算括号内的算式。
(2) 括号内要先算出乘法的结果，然后再减。

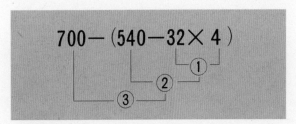

$$700 - (540 - 32 \times 4)$$

①②③

答案是 288。

整理

(1) 整理数目的时候可以使用（　）。
(2) 有括号的算式必须先计算（　）内的结果。
(3) 使用乘法或除法的算式，不用括号。
(4) 有乘法或除法的算式，先计算乘法或除法的部分。

8 用一个算式表示的数学问题

◉ 适合使用括号算式的数学题

◆ 请用下列算式出一道数学题。

$$100-(20+45)$$

（　）里头看成一个数哦！

不要一个一个地减，先算出括号内的结果再减才对吧！

(1) 用餐馆当题目

有一家餐馆做好了100人份的包子，早上卖出20份，下午又卖出45份，请问还剩下几人份的包子？

(2) 用图书当题目

小平就读的小学的图书馆新买进100本书，有20本辞典、45本童话故事书，其他的都是百科图鉴，请问百科图鉴有多少本？

(1)、(2) 的答案都是35。

◆ 请利用下列算式出一道数学题。

$$(150+70)÷5$$

（　）内的数目当成一个数目，所以以上问题必须要先计算150＋70才可以哦！

要用5除，所以出题时别忘了要能够整除，最好是关于单独一份数量的问题。

(1) 用玻璃珠当题目

小平有150颗玻璃珠，小玉有70颗，他们想把两个人所有的玻璃珠平均分给5个人，每个人能够分到几颗呢？

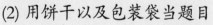

(2) 用饼干以及包装袋当题目

箱子内有150包饼干，箱子外有70包。如果把所有的饼干每5包装在一个袋子内，请问需要多少个袋子？

(1)、(2) 的答案都是44。

✳ 请记住，出的题目要使（　）内成为一个数。

◉ 混和＋、－、×、÷ 的算式

◆ 请用下列算式出一道数学题。

$$100 \times 4 + 55 \times 6$$

只要出的题目能够把 100×4 以及 55×6 当成一个数目就行了，明白了吗?

想想看

(1) 用商店当题目

买 4 件 T 恤,每件 100 元,买 6 顶帽子,每顶 55 元, 请问总共需要多少钱?

(2) 用行李的重量当题目

小型卡车载 100 千克重的行李 4 件、55 千克重的行李 6 件, 请问卡车总共载了多重的行李?

(1)、(2) 的答案都是 730。

◆ 请用下列算式出一道数学题。

$$360 \div 2 \times 3$$

算式中的乘法或除法要当成一个数哦!

出的题目只要能使 360÷2 当成一个数就行了。

想想看

(1) 用动物园当题目
某动物园的综合套票, 大人 360 元, 小孩子半票, 请问 3 个小孩子需要多少钱?

(2) 用文具店当题目
24 支钢笔 360 元, 每 12 支装成 1 袋出售, 小平买了 3 袋, 请问总共是多少钱?

(1)、(2) 的答案都是 540。

整理

使用有 ( ) 的算式,或混和使用乘除法的算式, 出题的时候, 一定要知道"算式中的哪个部分是代表一个数", 然后依照算式, 想出各种题目就可以。

图形的智慧之源

数学的魔术

◆ 奇妙的猜数字游戏

让我们来玩一个奇妙的猜数字游戏，猜猜你的同学心里所想的数字是哪一个。

首先，请你的同学从1到9的数字，在心里选2个，然后要他把最先想的那个数字乘以2。

"1到9的数字加起来的和是45，现在请把刚才乘以2所得的数字加上45。然后把相加的和乘以5，最后再加上你心中所选的第二个数字就行了。"

结果，同学所算出来的答案是308。

"我知道了，你心中所选的第一个数字是8，第二个数字是3。"

奇怪，你怎么知道？

◆ 揭秘时间

现在，就让我们来解开游戏的秘密吧！

首先用同学算出来的308减去225。

$$308 - 225 = 83$$

答案83中的十位数8，就是他心中所选的第一个数字，3就是他想的第二个数字。

我们可以再用其他的数字来试试看。

例如，第一个数字是6，第二个数字是7。

6×2 ··········	$\boxed{6} \times 2 = 12$
加上 45 ·········	$12 + 45 = 57$
再乘以 5 ·········	$57 \times 5 = 285$
再加上 7 ·········	$285 + \boxed{7} = 292$
再减 225 ·········	$292 - 225 = \boxed{6}\boxed{7}$

结果是67，完全正确。

让我们再试验一次。第一个数字为 ⑨，第二个数字为 ④。

(1)
$$\begin{array}{r} ⑨ \\ \times\ 2 \\ \hline 18 \end{array}$$

(2)
$$\begin{array}{r} 18 \\ +\ 45 \\ \hline 63 \end{array}$$

(3)
$$\begin{array}{r} 63 \\ \times\ 5 \\ \hline 315 \end{array}$$

(4)
$$\begin{array}{r} 315 \\ +\ ④ \\ \hline 319 \end{array}$$

这个时候可以问同学计算的结果是多少。

答案是319，再减去225。

$$\begin{array}{r} 319 \\ -\ 225 \\ \hline 94 \end{array}$$

─── 第一个数字（十位数）
─── 第二个数字（个位数）

这个方法有固定的计算方式哦。

让我们把同学的计算依顺序写成算式吧！

用○当第1个数字，用△当第2个数字。

计算 (1) ○ × 2

(2) ○ × 2 + 45

(3) 结果再乘以5

$(\bigcirc \times 2 + 45) \times 5$

使用一定的计算方式，去掉括号不用，就成下面的算式。

$$(\bigcirc \times 2 + 45) \times 5$$
$$= \bigcirc \times 2 \times 5 + 45 \times 5$$
$$\downarrow$$
$$225$$

$$\begin{array}{r} 45 \\ \times \quad 5 \\ \hline 225 \end{array}$$

然后再加上第二个数字，用△当第二个数字，答案就变成下面的算式。

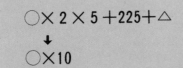

$$\bigcirc \times 2 \times 5 + 225 + \triangle$$
$$\downarrow$$
$$\bigcirc \times 10$$

这个数字再减去225，就能得到答案。

$$\bigcirc \times 10 + \triangle$$
$$\downarrow \qquad \downarrow$$

第一个数字○　　个位数的数字

若是3　则是③0
若是7　则是⑦0 } 十位数的数字。

由此可以看出，答案跟中途出现的 45 没有关系。

◆ 猜岁数

接下来，让我们再来猜猜同学是哪一年哪一月出生的。

假定你的同学是 2006 年 5 月出生的。

① 请用你出生的月份乘以25。

$$\begin{array}{r} 5 \\ \times \quad 25 \\ \hline 125 \end{array}$$

② 再加上一年的日数365。

$$\begin{array}{r} 125 \\ + 365 \\ \hline 490 \end{array}$$

③ 然后再乘以4。

$$\begin{array}{r} 490 \\ \times \quad 4 \\ \hline 1960 \end{array}$$

④ 再加上出生年数后两个数字。

$$\begin{array}{r} 1960 \\ + \quad 06 \\ \hline 1966 \end{array}$$

把同学计算出来的结果，再减1460。

$$\begin{array}{r} 1966 \\ - 1460 \\ \hline 506 \end{array}$$

2006 年 5 月出生的同学，从余数中怎么判断呢？在看下面的解说之前，请你先想想看。

5	06
月	年

◆ 揭秘时间

首先是月数的25倍，然后再乘以4，$25 \times 4 = 100$

与同学出生年月日无关的365也乘以4，这是最后用来减的数字。$365 \times 4 = 1460$

让我们再用算式来表示吧！

用○当出生月、△当出生年，

$(\bigcirc \times 25 + 365) \times 4 + \triangle - 1460$

你懂了吗？

数的智慧之源

加或乘都一样

学志在算乘法的时候，从旁边经过的维正一下子就说出了算式的答案。

其实，正在读一年级的维正根本还没学过乘法。学志觉得很奇怪，但是仔细一想，就知道维正是把乘法的算式当成加法来计算了。

$1 \times 2 \times 3 = 6$
$1 + 2 + 3 = 6$

将乘法的计算用加法来计算，算出来的答案竟是一样的。于是学志便想将其他用乘法和加法计算而答案却一样的算式都找了出来。

$2 + 2 = 4$
$2 \times 2 = 4$

这个算式的答案也一样哦！

另外，他还发现了以下这些算式。

$1 + 1 + 2 + 4 = 1 \times 1 \times 2 \times 4$
$1 + 1 + 1 + 3 + 3 = 1 \times 1 \times 1 \times 3 \times 3$

学志觉得非常有趣，因此更激发他继续找出数的顺序相同，因 +、-、×、÷ 的符号改变，而两者答案依旧完全相同的算式。

他又发现了以下的例子。

$4 \times 2 - 1 = 4 + 2 + 1$
$6 \times 2 - 2 = 6 + 2 + 2$
$8 \times 2 - 3 = 8 \square 2 \square 3$
$10 \times 2 - 4 = 10 + 2 + 4$
$8 \div 4 + 1 = 8 \square 4 \square 1$
$12 \div 6 + 2 = 12 - 6 - 2$

你能写出 □ 内的符号来吗？

跟这些一样有趣的算式很多哦！

你看到这些算式，是不是觉得很好玩呢？让我们来看看上面的答案吧。

$8 \times 2 - 3 = 8 + 2 + 3$
$8 \div 4 + 1 = 8 - 4 - 1$